与中国院士对话

太阳能的
光电之旅

褚君浩　海波　秦畅　编写

田汉民　整理

华东师范大学出版社

与中国院士对话

丛书编写委员会

褚君浩　龚惠兴　贺林　刘佳　刘经南　亓洪兴　钱旭红　秦畅
田汉民　王海波　武爱民　薛永祺　闫蓉珊　杨雄里　杨云霞
叶叔华　朱愉　邹世昌
（按姓氏音序排）

写在前面

"海上畅谈"工作室的推出，是我们作为广播人的一个梦想。信息传播技术日新月异，新技术带来的传播方式的改变，给传统媒体如报纸、期刊、广播、电视等以超出想象的冲击。在互联网技术崛起，移动终端设备改变大众阅读习惯的时代，数家报刊无奈宣布停刊，多数传统媒体寻求转型。传统媒体会死吗？这是许多新闻人的疑问。广播这样一种历史悠久的、"古老的"、传统的媒体形态，在互联网技术的冲击下，非但没有消失，反而在动荡中异军突起，展现出活泼的生命力，这虽出乎世人的预料，但也在情理之中。今天，广播节目的丰富多彩，与广播人多年来的不懈奋斗是分不开的，广播人在一次次的新技术冲击中，始终抓住信息内容，以新技术带动节目内容的创新，主动求新求变，在技术裂变中寻找到了更多的机会。

新时代，面对如何"建设具有全球影响力的科技创新中心"的战略要求，媒体人该如何做？如何为营造"大众创业、万众创

褚君浩院士和主持人秦畅

新"的社会氛围尽一份责？媒体能否在形式、内容的传播方法和手段上实现"自我创新"？让支持创新、宽容失败的理念"随风潜入夜"？"海上畅谈"节目试图回答这些问题。

基于此，我们独家策划了"创新之问·小学生对话中国院士"系列广播节目，试图为上海科创中心建设培育创新沃土。这档节目的初衷，是想请中国院士来和小学生一起畅谈当前有趣的科普话题。我们认为，小学阶段的孩子，有旺盛的好奇心和求知欲，他们的念头千奇百怪，他们的问题独特刁钻，那么让在学术领域已成大家的院士们和童言无忌的小学生进行科学启蒙式的对话，会不会出现无法预料的惊喜呢？

有了这样的想法，我们尝试着请中国院士来为小学生进行科普，出乎意料地顺利，院士们纷纷表示支持，这一节目得以顺利完成。就节目谈话内容来说，大院士们给小朋友谈的并不是特别尖端前沿的科学，而是更偏向于基础的工程学，偏向于如何用科学探索去引领技术突破，继而带动产业升级，最终服务全人类。不积跬步，无以至千里，科学探索的道路漫长而艰辛。院士们以自身的成长经历为例，为孩子讲自身"学"的故事，引导他们去养成一种

褚君浩院士在活动现场

"思"的习惯。

院士为孩子们讲的科学知识，不光是理论研究的内容，而是结合我国现有的产业现状，让孩子们能切实感受到产业现状，了解专业学科的背景知识，启蒙他们的职业意识，让孩子们知道科技强国的梦想务必得立足实际。

近 90 高龄的知名天文专家叶叔华院士代表科学界首次宣布了我国参与世界探索太空的巨型望远镜计划。"海上畅谈"率全国之先，成为最先披露此消息的节目。钱旭红院士讲述了自己小时候动手拆闹钟的故事，让孩子们对勤动手勤动脑有了更贴切的体会。邹世昌院士在现场严肃认真的模样，让孩子们感受到科学家老爷爷的气场。贺林院士讲述遗传基因的现场十分热闹，他和孩子们讨论双胞胎为啥那么像这个话题时乐翻全场。一场场妙趣横生、充满智慧的对话，打造了一场场听觉盛宴！院士们不拘泥于传统科普刻板的知识灌输，充分展现了个人魅力，拉近了对话者之间的距离。对话中，孩子们大胆向院士们抛出一系列童言无忌、天马行空的问题，院士们耐心接招，甚至坦言"不知道"，并以此激励孩子们自己去想，去探索。听者不仅惊讶于现在小学生的知识面，也为院士们呵护每一个孩

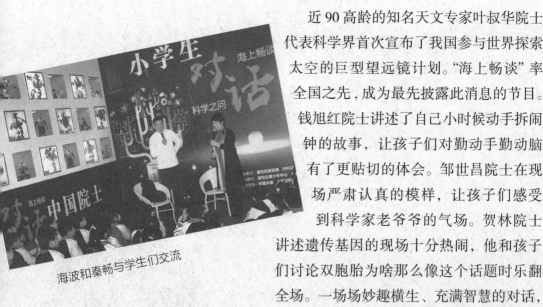

海波和秦畅与学生们交流

子至为珍贵的探索精神而感动。

当然，不光是小学生，还有初中生，他们也对科普知识十分渴求。

这样生动的对话在节目结束后我们依然不能忘怀，我们希望有更多的孩子能听到院士们的话。于是有了我们这套"与中国院士对话"丛书。在各位参与院士的支持下，我们将节目谈话的知识内容加以系统化地扩展，以文字的形式配上插图，更清晰更形象地展示学科领域的基础知识。在知识内容编写的过程中，一群年轻的、奋斗在各科研领域一线的博士们加入到编写队伍中，他们梳理了谈话涉及的领域知识，补充了相关的专业内容，让这套丛书的科学性更立体、知识性更充实。本套丛书的插图选自"视觉中国"、"富昱特"等专业图库，力求图文并茂地为孩子们展现知识内容。

杨雄里院士在节目中说道："科学就是跟新的东西打交道，要不断地创新。"我们把这套丛书献给孩子们，希望他们在成长的道路上能探索一个又一个的秘密，并以此为乐。

"海上畅谈"节目

2017 年 2 月 26 日

小学生

VS

大院士

褚君浩院士

海波

秦畅

我们是学生

目录

　　小时候我总想知道一些我不知道的事情。我那时住在华东师范大学里面，学校里有条河，叫丽娃河，我爱到那里去玩。我在河边看到云在天上飘，就会想象外面的世界会是什么样，所以小时候我就有这么一种渴求，想去探索一些未知的东西，这一点对我后来影响非常大。

/017

千方百计使用太阳能

　　近几十年来，人们做了大量的研究，千方百计地寻找使用太阳能的方法。人们制造出太阳能电池，利用太阳光来发电，实现了太阳能到电能的转换。让我们一起来看一看，有哪些产品实现了对太阳能的使用？让我们来想一想，将来人们还会利用太阳能来做什么？

/063

太阳光的奇妙世界

太阳对于我们地球来说是无可取代的，它给了地球光和热。我们用眼睛来看，会看到太阳光由红、橙、黄、绿、青、蓝、紫7种光复合而成。如果仔细研究它，你会发现，太阳光里有大学问。

/085

光电转换之旅

　　电流通过灯泡后，灯泡会发光。而光照到半导体里，半导体里面产生了自由电子和空穴，生成了电。光和电之间会发生转换。让我们随着光电转换，来探索一下它们间的秘密吧。

丽娃河边的
探索者

———————————

华东师范大学里的丽娃河（摄影：崔楚）

小时候我总想知道一些我不知道的事情。我那时住在华东师范大学里面，学校里有条河，叫丽娃河，我爱到那里去玩。我在河边看到云在天上飘，就会想象外面的世界会是什么样，所以小时候我就有这么一种渴求，想去探索一些未知的东西，这一点对我后来影响非常大。

同学们，你们好。我是海波。我们这套"与中国院士对话"丛书，是特意为你们准备的。我们邀请了在科研领域一直奋斗的大科学家来给你们讲讲他们的成长故事，给你们讲讲你们最想知道的科普知识。这些大科学家的成长故事，既有趣又能激励你们早早立志，没准儿，你们中间的谁，以后也能成为大科学家。

 海波

 秦畅

　　我是秦畅，坐在我旁边的就是今天要和同学们对话的褚君浩院士。你们知道褚院士是做什么的吗？

　　太知道了！他是《十万个为什么》的主编之一，他是研究半导体红外探测和太阳能应用方面的专家。

学生

004

褚君浩

中国科学院院士，中科院上海技术物理研究所研究员，华东师范大学信息学院院长。长期从事红外光电子材料和器件的研究，开展了用于红外探测器的窄禁带半导体碲镉汞（HgCdTe）和铁电薄膜的材料物理和器件研究，还从事极化材料和器件以及太阳能电池的研究。

褚君浩院士并不满足于个人及其团队在科学研究上的原创性探索，他还致力于将科学家的成果向社会和公众推广。他发表了科普文章近百篇，撰写《黑暗中的半壁江山——红外》等科普著作，主编《十万个为什么（第六版）》丛书《能源与环境》分册，还主编了战略性新兴产业科普丛书。

丽娃河边的
探索者

秦畅

褚院士，您能和同学们分享您的成长故事吗？成为大科学家的您，小时候是不是有特别的、与众不同的经历，您是怎么走上科学研究道路的？

小时候我家住在华东师范大学里面。华东师范大学里面有条河叫丽娃河，那个时候水比较干净，环境也比较好，加上大人也不大管我们，夏天我们就会偷偷跑到河里去游泳。我们那个时候大概功课没有现在那么多，华东师大又很大，学校里有很多房子，简直就是我们小孩子的乐园。我记得，学校里有个第五宿舍楼，楼顶的天花板和房顶之间有个隔层，像现在的阁楼间。我和我的小伙伴儿就会偷爬到这个隔层里去。在隔层里面我们聊天、讲故事。在我的小伙伴里，有一些年龄比我大一点的，他们跟我们年龄小一点儿的讲故事。除了平时白天在那里玩儿，我们也会晚上去看看天空。我小时候，城市夜间的灯光没有那么亮，天上的月亮和星星就显得特别明亮。我发现天上的月亮里面有的地方暗，有的地方亮，月亮里面好像有山又好像有人，小时候看到这些现象就觉得很好奇。

大概就像你们这么大的时候，大约五年级，我自己做了个望远镜。我找了一个硬纸板，卷成一个筒，又找两块镜片，一块放在前面一块放在后面，然后朝天上看月亮。用这个简陋的望远镜看月亮，自己觉着看得好像更清楚了，可以想象月亮上的阴影是什么东西，想象那里是有一个人，好像还有一座山，那个人住在山里。

我那时也看一些《科学画报》和《科学大众》这类的杂志，也爱看科学家的人物传记。我记得我读书的时候，

学生

我很好奇，您现在成就这么高，那您小时候的学习成绩也特别好吗？

《科学画报》期刊封面
（图片由《科学画报》杂志社提供）

《科学画报》是我国历史最悠久、影响最广泛的综合性科普期刊，由中国科学社于1933年8月创刊，距今已有80多年的历史。一些立志报国的科学家创办了《科学画报》，他们的目的是"科学救国"，这本期刊的确影响了一代又一代的中国人。

时常跑到学校图书馆去看书。不过，去图书馆看书的人并不多，所以桌子和书上就有好多灰尘，我就要想一个办法了。什么办法呢？我想自己来做个吸尘器，把这些灰尘吸掉。同学们可能也会想到，我们夏天用的电风扇制作原理是什么呢？其实很简单，就是用一个马达带动叶片，这样就有风了。我那时想，电风扇的风是对着人吹，若对着灰一吹不是就把灰尘吹走了吗？如果要做吸尘器，我就得让马达带动叶片反着转，这不就可以把灰尘吸起来了吗？

马达带动叶片的旋转方式决定了气体流动的方向。同学们回去不妨自己做个小实验，体会一下。一节5号电池，一个小马达，两根电线，一个小

风扇叶片，用电线将马达、电池和叶片连起来，试试叶片的旋转方向。然后，交换电线，再通电，这个时候看看，叶片的旋转方向和刚才是否一致。

我这么想着，也这么动手去做了。我自己用木头、电池、马达、纸木薄片这些材料做了一个很粗糙的"吸尘器"，拿到图书馆去试，结果呢？结果很遗憾，并没有出现我想要的效果。我的"吸尘器"怎么都不能把灰吸起来，这个实验算是失败了，但是，我自己很开心的，毕竟以动手做来验证自己的想法不成立，这是一个很正确的方法。所以，我也想对同学们说，你们要对我们这个世界保持好奇心，因为有了好奇心，才会激发你去探索，才会让你主动想去多看些书，会更多地有自己的想法，有了想法还要去动手实践一下，看看自己的想法对不对。

我现在还能找到一张小学的成绩单，成绩单是这样的，自然是 5 分，当时是 5 分制。其他的功课好像都是 4 分，也有一个 3 分，3 分是什么呢？写字，我字写得不太好。

这个成绩不算学霸，但是从初中三年级开始一直到高中，我每年的功课都是全 5 分。我是从初二下学期开

始变成好学生的，初一的时候还很调皮。我现在都还记得这么一个小故事。我发现我的成绩报告单上老师写了一句话：课上高声叫嚣。这个评论很不好，这就是说我上课的时候很不守纪律。我儿子问我，这是怎么回事？我就回忆了，当时是在上课的时候，初中一年级，在曹杨二中，有一个同学叫李退海，他也是一个很调皮的同学。他跟我说，褚君浩，我们现在一起叫好不好，我说好。没有理由就捣蛋，然后他数1、2、3，我就叫了一声，结果他没叫，我上他当了。最后老师就让我站起来，批评我了，这个当然是违反纪律，很不好的，还写到我的评语上了。

但是从初中二年级开始，尤其是初二下学期，我做了好多数学题目，越做越有兴趣，从初三开始又看了好多科学普及的书，后来我就变成了一个很用功的学生。

我上初中的时候才开始接触到物理，也从那时开始喜欢上这门学科。我从图书馆借了《从近代物理学来看宇宙》《眼睛和太阳》，以及一些天文学方面的书来读。高中时我就开始读《相对论ABC》和原子物理学方面的书。虽然那时我只能读懂一小部分，但还是如痴如醉地读。所以我在报考大学的时候只选择了物理学作为我的专业。1962年高考时，我只填报了物理学这个专业，我最希望考上复旦大学物理系，然后是华东师范大学物理系，最后是上海师院（上海师范大学前身）物理系。结果那年我物理考了满分，但语文作文审题失误，总分被拉了下来，最终进了第三志愿——上海师院物理系。

大学毕业后，我在上海梅陇中学当了10年的物理老师。教学之余，我没有放弃研究，我继续做理论物理研究。那时候，我和一些朋友组织了一

褚院士和主持人秦畅

个关于基本粒子的讨论组，在探讨科学问题的同时，还会一起撰写科普文章和科普小读物。

1978 年，我国恢复研究生招生考试，我就想着要去试一试。我大学的时候读的是四大力学和普通物理学，但考研究生的时候，我选的方向是半导体物理，我之前都没有学过半导体物理方面的相关知识。好在我在大学的时候，骨干学科掌握得比较扎实，所以决定考研究生的时候，我就开始自学，在自学的过程中，自己做笔记，推导书本里面的公式，最后也把它掌握得很好。我记得最后考试的时候，我这门专业课成绩考了 90 分，也是当时考生里面的第二名。从个人来讲，考得还算不错。我的这个故事就是在说，同学们要把基础的、主干的学科学好，这样，你们再去学一些这门学科的其他分支学科就有了很好的基础，也掌握了适合自己的学习方法。

这个小同学问得很好，问出了很多同学的心声。其实，我刚才在讲自己读书年代的故事时，已经谈到一点我对学习的看法。学习首先还是得勤奋，我读初中后渐渐成了一个勤奋的学生。人的聪明和勤奋是互补的，互补才能让你在求知这条路上走得更远。

想要成功，就要走一条很不容易的路，需要坚持不懈的努力。你们现在做任何事情，想要得到好的结果，轻轻松松地去干是不可能的。我再讲个自己的故事，我念研究生的时候，有一次需要做一个半导体的模型，如果要把这里面的每一步搞懂，每一个公式都推导出来，对当时的我来说还是非常困难的。当然马虎一点，也就过去了，但是我当时不是那样想的。我想我要么不做，要做就尽我所能做到最好。我花了很多的时间和精力将每一步都认真地推导，最后才完全搞懂里面的原理。所以说，做实验是非常辛苦的，想要不辛苦，就只能做一些难度不高的、一般的实验。想要做一些创新的、有特色的实验，过程都是很艰辛的。并且，做实验的时候，常常会遇到失败，失败不可怕，只要在失败之后总结经验，再去尝试，我们才能得到想要的结果。

对于我来说，要把每件事情都做好，坚持把一件事情做到底，这是我的信念。我们现在最忌讳的就是，很多事情都只是做了一个开头，就坚持

学生

您是不是在学习上有特别的窍门呢？

不下去了。决定做一件事情，我们首先需要确定一个正确的方向，确定好之后，要坚信要做的工作是有意义的，这样才可以坚持不懈地做下去，我相信如此最后一定会得到想要的成果。

同学们，你们这个年龄的小孩子思想特别活跃，脑子里总会冒出各种问题来，而且这些问题都很有趣，很有想象力，我觉得非常好。在科学的道路上，我们特别需要有好奇心。所以你们要敢于提问，也就是要敢于想

来自青浦区的小学生们在"提问板"上留下自己的问题

为什么，千万不可以拘泥于原来那些墨守成规的东西和结果，觉得好像就是这样子的，我就跟着接受就好了。

当然我们在问的同时要去思考、去求知。在探索的路上，要掌握好"循序渐进"这四个字。我们要脚踏实地，千万不要想一步登天。要把基本的知识学好，方法掌握好，一步一个脚印，慢慢往前走。什么事情都不要去奢望一步登天。我们的科学家屠呦呦，她花了几十年时间在研究、在探索。她的团队找了很多的中草药，查阅了很多的书籍和资料，最后才得到现在的结果。我们只有在循序渐进的基础上，才会迎来最终的跨越。

千方百计
使用太阳能

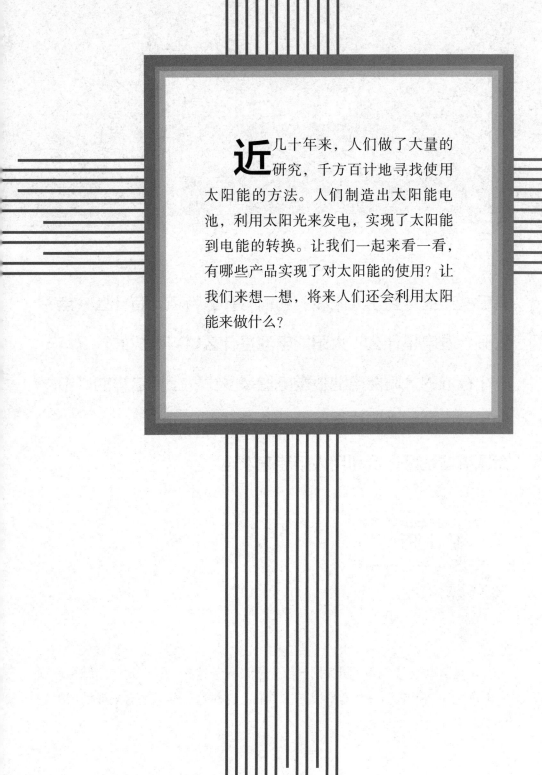

近几十年来，人们做了大量的研究，千方百计地寻找使用太阳能的方法。人们制造出太阳能电池，利用太阳光来发电，实现了太阳能到电能的转换。让我们一起来看一看，有哪些产品实现了对太阳能的使用？让我们来想一想，将来人们还会利用太阳能来做什么？

知识导读

有哪些产品用到了太阳能？它们有什么特点，有什么缺点？

太阳能发电是什么？太阳能电池是什么材料做成的？

一个标准的太阳能电池板发电量是多少？上海这样的城市

如果用太阳能电池板来发电，会是什么样子？

我国哪些地区适合利用太阳能来发电？

小提示

　　在阅读本章内容时，同学们可以先思考一下这些问题。这些问题在你读完本章后，是否能回答？如果读完本章后，你对这些问题还有兴趣的话，还可以上网查询相关知识。

我在看一本书的时候发现太阳能汽车已经制造出来了，是外国人的发明。但是只能在白天开，晚上不能开，因为储存的电量没有那么大。

 学生

秦畅

真有那么回事吗？

太阳能——一种新型的推进能源

太阳对地球的重要性不言而喻，这个距离地球最近的恒星为我们提供了光和热，没有太阳，就没有地球上的生命。地球上的生物大多数都要从太阳光中获得能量。

为什么我们要对太阳能进行研究呢？

因为人类始终希望能可控地、稳定地、持续地从太阳中获得能量，把

上海浦东国际机场楼顶
太阳能电池组
（图片来源：视觉中国）

太阳能作为一种新型的能源，用于产业中，代替煤来发电，代替汽油来驱动汽车，甚至用太阳能作为飞机的驱动能源。

人们也的确在使用太阳能方面取得了突破性的进展，不仅造出了可以利用太阳能来驱动的汽车，还制造了用太阳能做能源的飞机。有一架太阳能飞机就曾经不耗费一滴燃油进行了

环球飞行，还飞到了中国。我们可以来看看关于这架"阳光动力 2 号"太阳能飞机的相关新闻报道。

"阳光动力 2 号"太阳能飞机结束环球旅行

2016 年，当地时间 7 月 26 日凌晨四点，"阳光动力 2 号"太阳能飞机结束环球旅行，成功降落在阿联酋首都阿布扎比的阿勒·巴廷 (Al Bateen) 机场。这是一架长航时、不耗费一滴燃油、仅依靠太阳能发电储电提供动力昼夜持续飞行的飞机。

2015 年 3 月，"阳光动力 2 号"从阿联酋首都阿布扎比起程，开始环球

"阳光动力 2 号"太阳能
飞机飞临重庆
（图片来源：视觉中国）

飞行，先后经停阿曼、印度、缅甸、中国、日本、美国、西班牙、埃及等国的 16 座城市，其中包括中国的重庆和南京，它最终完成全程 4 万多千米的环球飞行，飞行时间超过 500 小时。

摘自搜狐新闻 http://news.sohu.com/20160728/n461403046.shtml

从当时的新闻报道和后来对两位驾驶太阳能飞机的探险家贝特朗·皮卡尔和安德烈·波许博格的采访中，我们得知，"阳光动力 2 号"飞机机翼上装有 17248 块太阳能电池板，翼展达到 72 米。这是个什么概念？这就是说这架飞机的翅膀长度只比最大的客机空客 380 略微短点，在这么长的机翼上贴满了太阳能电池板。它的体积很大，要大机场才能装得下它。虽然它的体积大，但因为它使用了新型材料，所以飞机的重量只有 2.3 吨，相当于一辆家用小轿车那么重。

这架太阳能飞机白天靠太阳能电池板向四个电动马达提供动力，它还搭载了锂电池，白天太阳能电池会把电能储存入锂电池，夜间飞行时就靠锂电池里储存的能量。这使得太阳能飞机能昼夜不停飞行。它最终完成了

浙江宁波：梦想照进现实，19岁
学生造出太阳能汽车
（图片来源：视觉中国）

环球飞行，这是件很了不得的事，起到一种很强的示范作用，展示了新能源使用的前景。

不光是太阳能飞机，现在我们乘坐的汽车，也有用太阳能的。它有太阳能电池板和蓄电池，用太阳能发电，用蓄电池存起来。它的发动机是靠电能来驱动的。从某种意义上讲，太阳能汽车也是电动汽车的一种，所不同的是电动汽车的蓄电池靠工业电网充电，而太阳能汽车用的是太阳能电池。太阳能汽车使用太阳能电池把光能转化成电能，电能会在蓄电池中存起备用，用来推动汽车的电动机。我们在上海举办世博会的时候就展示了太阳能汽车。现在还有车载的太阳能空调，但使用不太普遍。

太阳能飞机都能环球飞行了，是不是我们的家用电器都可以用太阳能？

 学生

学生

我看到很多人家都装有太阳能热水器，我就是不明白，它是怎么加热的，下雨天和阴天这个热水器怎么用？

千方百计使用太阳能

听了同学们的问题，觉得大家都对周围的生活环境观察得很仔细。太阳蕴藏了巨大的能量，人们一直在努力，怎么才能更好、更方便地使用太阳能。

18 世纪以后，随着近代物理学的发展，人们对太阳能利用的技术研究不断进步，取得了许多前所未有的突破。到了今天，人们研制了五花八门的太阳能产品，同学们只要留心观察，阅读图书、新闻，就可以发现我们的生活中随处可见利用太阳能的例子。

光热转换

在我国的部分农村地区，日照丰富，非常适合利用太阳能。近几年，很多乡村政府在村民中推广使用太阳能灶，这是对太阳能的一种简单利用。

甘肃东乡一户村民正在利用太阳能灶烧水
（图片来源：视觉中国）

昆明，居民楼顶上安装的各种太
阳能热水器
（图片来源：视觉中国）

我国的云南省是一个阳光照射充足的省份。云南省的省会昆明市即使是在冬日，阳光也依然灿烂。昆明市的许多楼房顶上都装有各种样式的太阳能热水器，显示了这个城市太阳能利用的普及度。

晒太阳是一种什么样的感受呢？站在太阳底下，太阳光照在我们身上，我们会感到温暖，进而会感到热。这是什么原因呢？这是太阳光的热效应，光能使被照射的物体表面温度升高。那么太阳光照在水面上，水的表面温度也会升高，这就是太阳能热水器的原理。但通常情况下，太阳光是分散的，也是不稳定的，怎么才能把太阳光带来的热量聚集起来，为我们生活带来便利呢？

太阳能的热利用就是要想办法把光转换成热，或直接利用，或者再转换利用。在这个过程中，实现集热——储存热——传递热，最终达到利用太阳能的目的。

我们常常看到有的房顶上装有太阳能热水器。这种热水器由多根玻璃管子排列起来，这些排列起来的玻璃管子就是它的集热装置。这种玻璃管通常是由一大一小两只管套合起来，中间抽真空。内层玻璃管有涂层，能更有效地吸收太阳光的热能，将玻璃管内的水加热。玻璃管内的水加热后会向上流入水箱，水箱里的凉水流入玻璃管内，形成循环加热。白天，太

我国常见的家用太阳能热水器
（图片来源：视觉中国）

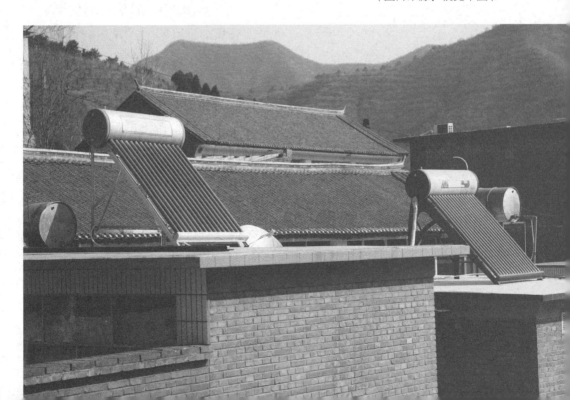

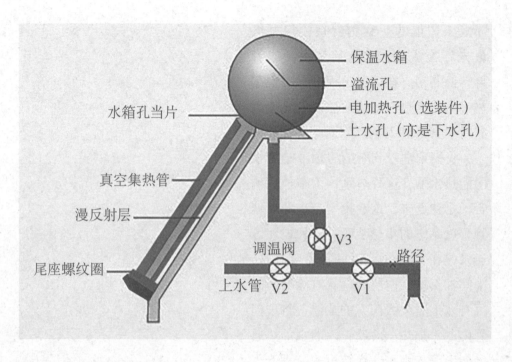

保温水箱
溢流孔
电加热孔（选装件）
上水孔（亦是下水孔）

水箱孔当片

真空集热管

漫反射层

尾座螺纹圈

调温阀

V3

路径

上水管

V2

V1

太阳能热水器的简单示意图

阳能热水器里的水被加热，晚上，我们打开家里的连着热水器的水龙头，就有热水流出来。

理论上，太阳能资源丰富的地区都可以使用太阳能热水器，但从实际的使用情况来看，这类热水器只能加热水，不能提供电，使用率并不是太高。而且太阳能热水器终究是"靠天吃饭"。即使是太阳光充足的日子，也需要照射比较长的时间才能把水加热，不能做到即刻加热，而且热能储存困难，遇到冬天、阴雨天，日照不足的时候，就更没法直接使用。于是商家想了一个办法，使用电加热技术来辅助。当阳光不够，或者阴雨天，水温度达不到使用要求时，就改用电加热的方式使水温升高。这样看起来似乎是解决了问题，但价格贵，对消费者来说，又多花了一笔钱。

光伏转换

刚才有个同学问，家用电器能不能使用太阳能？理论上来讲，都是可以的。家用电器要使用电，这个电的来源可以有各种方式。我们现在家用电器使用的电，是由城市的公用电网来提供的。如果我们使用的电是由太阳能电池板发电来的，那这就是对太阳能的利用。

这是美国拉斯维加斯的一个太阳能停车库，上面安装了太阳能电池板，它产生的电能给电动车充电（图片来源：视觉中国）

我们通常使用的太阳能电池是用半导体材料制作的，它是一种能把光能转换成电能的半导体发电器件。我们把利用半导体的光伏效应进行的光电转换叫做光伏发电。光伏发电的原理我们在后面的章节详细讲解，这里，我们还是先来看看这几则新闻报道，从中感受一下太阳能光电转换的应用情况。

城市居民利用太阳能发电

我们来看这样一则新闻报道。

2013 年 3 月 28 日，合肥居民孔

这是在卫星上使用的太阳能电池板
（图片来源：富昱特）

这是合肥市一户居民楼顶上的太阳能电池板。有的家庭已经有了独立的光伏发电系统，不但能满足自己家庭的用电需求，还可以把多余的电输送到公用电网里。

庆斌的"家庭发电站"开始启用。孔庆斌的家住在 18 层楼的楼顶，他用 7 块太阳能电池板串联，加上逆变器等设备，自己组建了家庭用的光伏发电站。根据新闻报道，他的光伏电站在阳光充足的日子，发的电不光够自己家庭使用，还能输出到公用电网。然而在阴雨天或者阳光不足的天气里，他也需要用到公用电网的电。

摘自中安在线，作者：张薇、王倩，http://news.hexun.com/2013-03-29/152632553.html

光伏发电是对太阳能这种可再生能源利用的一种办法，人们总是希望能有一种新型的、清洁的、可再生的能源利用技术，这也使得近些年太阳能发电技术得到很大的提高。像新闻报道的那样，许多光伏发电的发烧友，他们自己采购设备，自己设计电路，自己安装，有了一批家用的光伏电站。

　　对于一个家庭的小型光伏发电站来说，设计和安装并不复杂。比如一个独立的家用光伏发电站，我们可以这样来设计。

家用光伏发电系统示意图

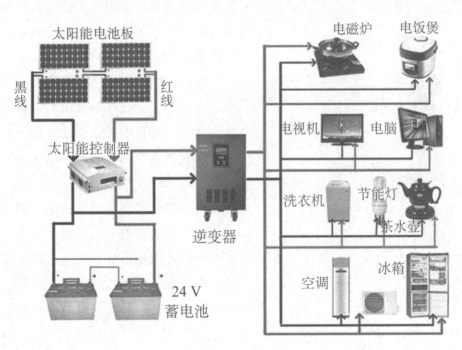

我们用一根红线接到太阳能电池板的正极，一根黑线接到太阳能电池板的负极，阳光照上去，这个太阳能电池板就开始发电了。

那么，我们是不是能把电器直接接到太阳能电池板上呢？

我们通常并不是直接使用太阳能电池板得到的电。因为太阳能电池板产生的电流并不是稳定的，阳光有时强有时弱，输出的电压会忽高忽低。可以想象一下，如果直接把一个灯泡接到太阳能电池板上，当阳光直射时，灯泡会亮，而一片云层通过时，灯泡会暗，因为有云层遮挡时光照不够，太阳能电池板的输出电流会小，灯泡就可能不工作了。这样不稳定的电流当然会影响电器的工作。

所以，太阳能电池板在实际使用中，电流一会儿有一会儿没有，电压一会儿大一会儿小。这怎么办呢？我们就用太阳能控制器来调节电压和电流。

从太阳能控制器出来的电，通常我们把它接到蓄电池上。蓄电池在光伏发电系统里是很重要的一个组成部分，因为阳光并不是稳定、持续的，所以，我们要想办法把发的电储存下来，在没有阳光的时候，可以用蓄电池来供电。

这里，我们要注意一个问题。我们平时用的电都是交流电，我们的家用电器在设计的时候，也是按接交流电的方式来设计的。但太阳能电池板发的电是直流电，不能直接用的时候怎么办呢？我们再安装一个逆变器，把直流电转换为交流电。这样从逆变器出来的交流电就可以接到家用电器上了。

当然，如果仔细分析一下，其实许多电器也是要用直流电的，一般通过一个适配器把插座里提供的 220 伏交流电转换成低压的直流电来使用。

有的时候，自己家太阳能发电站发的电多了，用不完怎么办？在阴雨天、冬天等阳光不够的日子，发的电不够用怎么办？于是，人们又设计出与现有的公用电网并网的光伏发电系统。

光照充足时，可以为公用电网供电

阴天可用公用电网的电

双向电表

并网光伏发电系统示意图
（图片来源：视觉中国）

在这种方案里，多了一个什么设计呢？就是双向电表。自己家发的电可以输入到电网里，电不够用时，可以用公共电网的电，就像我们前面看到的新闻报道里说的那样。

当然，家庭用的光伏电站只是小型的太阳能发电系统。在我们国家，还有很多大型项目，在甘肃、内蒙古、西藏，我们建立了大规模的地面光伏电站，给当地的居民输送电。

农村里的新大棚

在农村，各地政府积极推行"光农互补"的光伏大棚项目。同学们可能已经见到过，在乡村的土地上搭建有很多大棚，这种大棚就像"温室"，阳光照进大棚，大棚里面的温度要比外面高，有的大棚还装配了温湿度监控系统，可以帮助人们更好地调节大棚内的小环境。大棚里种了很多反季节的蔬菜水果，即使外面是寒冷的冬天，大棚里种的番茄也可以结出红红的果实。

江苏宿迁光伏大棚里的果园
（图片来源：视觉中国）

那光伏农业大棚又是什么呢？不同于普通大棚，它在大棚顶上铺设了太阳能电池板，太阳能电池板有不同的透光率，根据透光率不同，棚里栽种不同的蔬菜。这种光伏大棚的棚顶还可以发电，这样既种出了瓜果蔬菜，又发了电，真是一举两得。

屋顶上的发电站

利用屋顶的面积，铺设太阳能电池板，可以建一个单体建筑的光伏电站。这种单体建筑主要是指那种用大

国内最大的太阳能高铁站台
上海虹桥火车站
（图片来源：视觉中国）

量钢结构做屋顶的建筑。因为太阳能电池板本身也有重量，普通建筑物的楼顶不能承载太多的太阳能电池板，要建位于屋顶的太阳能发电站，在建筑设计时就要进行一系列的设计考虑。

在上海的虹桥火车站就有这样一个曾经是亚洲最大的屋顶太阳能发电站，它曾是全球最大的单体建筑光伏一体化项目。该太阳能发电站位于虹桥铁路枢纽车站两侧无站台雨棚之上，利用屋面面积 6.1 万平方米，总装机

容量 6.688 兆瓦。在 25 年的设计寿命内，年平均上网电量 631 万度，年节约标煤 2274 吨，年减排二氧化碳 5837 吨、二氧化硫 45 吨、氮氧化合物 20 吨、烟尘 364 吨。

可以说，最近几年，我国的光伏发电项目得到了长足的发展。不光是上海的虹桥火车站建立了太阳能发电站，杭州等城市的火车站也建立了太阳能发电站。这种用于楼宇建筑的太

上海，公寓楼"头顶"长满
太阳能电池板
（图片来源：视觉中国）

阳能发电系统也在城市的小区进行了推广使用。

在上海，有关媒体就报道了这样的新闻。2016年7月18日，上海市第一个居民区屋顶分布式光伏发电系统，在普陀区曹杨新村街道南梅园居民区常高公寓竣工并并网发电。当然，这样的小区不止一个，在武汉、在合肥，在我国的很多城市，为了更好地利用太阳能，很多楼宇、高层大厦，从建筑设计时就考虑了节能减排的问题。有报道指出，到2017年，就发电量而言，我国已经是全球最大的太阳能发电国。

太阳能电池板在太阳下晒一天，能发多少电呢？

 学生

学生

上海这个地方适合用太阳能发电吗？

太阳能电池板在太阳下晒一天能发多少电呢?

太阳能电池板在太阳下晒一天能发多少电呢? 这个问题我们要怎么来考虑?

我们通常把一个平方米大小的电池板作为计量标准来测算它的发电量,换句话说,我们先要计算出的是每平方米太阳能电池板的发电量。

太阳能电池板的材质、安装方式等都是影响其发电量的重要因素。太阳能电池板是由很多个太阳能电池片组合在一起构成的。制造太阳能电池片的材质有很多,比较常见的是晶体硅(如单晶硅太阳能电池、多晶硅太阳能电池),还有一类不是用晶硅材料

太阳能电池板
（图片来源：富昱特）

做的电池板（如薄膜太阳能电池、有机太阳能电池）。目前光伏电站采用的多是单晶硅组件及多晶硅组件。

由于单片太阳能电池片的电流和电压都很小，因此必须得把它们串联或并联后使用。把单片电池制作成电池板需要一定的制造工艺，要将排列好的太阳能电池片以及连接组件（如二极管）封装在一个铝框（或其他非金属边框）上，安装好玻璃面板及背板、充入氮气、密封，这样生产出来的整体称为光伏组件，我们通常把它称为太阳能电池板。太阳能电池板是光伏发电系统的核心部分，它的作用就是将太阳能转化为电能。它的光电转化效率是决定其发电量的重要因素之一。相关国家标准规定，多晶硅电池组件和单晶硅电池组件的光电转换效率分别应不低于 15.5% 和 16%。

太阳能电池板发电量的大小还受到其他许多因素的影响，比如太阳辐射强度，所处地理位置的纬度、环境温度、日照时间以及安装角度等。

以我国长江流域（北纬 29°附近）为例，假设在天气晴好的秋季，1 平方米面积太阳辐射能量大约在 1367 瓦，经过大气层衰减后地球表面可能接收到的太阳辐射强度约小于每平方米 1000 瓦[①]。多晶硅太阳能电池板的转换效率为 15.5%。在此条件下，1 平方米太阳能电池板理论发电功率：$1000 \times 15.5\% = 155$ 瓦。如果按照每天平均日照时间 6 小时计算，则每天可发电 $155 \times 6 = 930$ 瓦·时，大约 1 度电[②]。

我们还可以这样说，在同样的季节里，若把这块太阳能电池板放在青海、西藏地区，则每天大约可发 1.5 度电。当然这个数据只是理论数据，实际的温度变化、线路损耗、控制器（或逆变器）转换效率等因素造成的损耗，都会影响最终得到的电量。

① 太阳辐射的能量对地球上所有的生命都很重要，但是太阳距离地球又十分遥远，怎么来测量和计算太阳辐射到地球上的能量呢？科学家们采用"太阳常数"这个概念来描述地球大气层上方的太阳辐射强度。"太阳常数"的取值一般为每平方米 1367 瓦，它是一个相对稳定的常数。本书的数值来源参考刘鉴民著《太阳能利用原理·技术·工程》，北京：电子工业出版社，2010 年 6 月。

② 度是千瓦·时的俗称，是电能的单位。1 度 = 1 千瓦·时。

我想问问同学们，知道了一平方米太阳能电池板的发电量，你们觉得上海这个地区适合用太阳能发电吗？刚才问这个问题的同学，你是怎么想的？

 秦畅

学生

适合。

我觉得不适合。上海这几年有的日子里雾霾很严重，太阳光估计会受阻，不适合用太阳能来发电。

 学生

上海这个地方适合用太阳能发电吗?

不能够绝对地说适合，也不能绝对说不适合。上海这个地方太阳光还是很充足的，上海也有很多地方利用太阳能发电，像前面说的虹桥火车站、浦东国际机场，还有一些小区楼顶都有光伏发电系统。但是上海人非常多，上海城市对电的需求量非常大。同学们，你们想一想，如果全部采用太阳能发电的话，需要多大面积的太阳能电池板？这么大面积的太阳能电池板怎么来安装？

上海的土地面积是有限的，我们现有的屋顶面积是有限的，屋顶以外的空间也是有限的，所以上海要全部用太阳能发电是远远不够的，我们还是需要用电网把电从其他地方输送过来。但是外面的发电厂用什么来发电

呢？可以是核能发电，可以是水力发电，当然也可以是太阳能发电。

上海黄浦江一角
（图片来源：视觉中国）

知识拓展

光化学制氢

在德国慕尼黑的宝马博物馆里，有一辆银灰色的宝马汽车，它的造型极其酷帅，吸引了众多参观者的眼球。这款型号 i8 的宝马汽车并不出售，它是靠什么赢得声誉的呢？原来这是一辆用氢燃料电池来提供动力的汽车，氢燃料被誉为"未来的汽车动力"。

那么氢燃料电池是怎么生产出来的呢？氢燃料是人类理想的清洁燃料，氢燃烧后生成水，对环境造成的影响小。但是氢燃料和其他能源比，它的生产相对困难，要大规模地生产那更是代价高昂。怎么才能用相对便宜的方法大规模制备氢燃料呢？这是各国科学家都在设法研究的问题。

　　从现在世界各国开展的研究和实验来看，用太阳光催化分解水制氢的技术是未来可预见的获取氢能的重要途径之一。太阳光并不能直接分解水，必须借助光催化剂，通过光催化剂吸

搭载氢燃料电池的汽车

收太阳辐射能，并有效地传给水分子，使水分解，达到制氢的目的。因此，太阳光催化分解水制氢的技术难点是寻找光催化剂。可喜的是各国科学家在这个方面都倾注了极大的研究热情，国际氢能的研究也和太阳能研究一样，是新能源研究和应用的重要领域，这两者的结合，更是新技术喜闻乐见的发展方向。

关于利用太阳能制氢的相关知识，因为更多的需要同学们具备化学基础知识，我们在这里不做展开，有兴趣的同学可以自己去查询相关资料。

氢燃料电池
（图片来源：视觉中国）

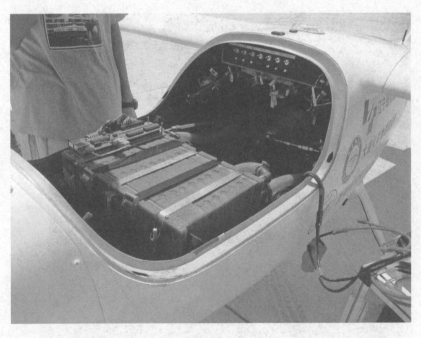

H₂O

聚焦实践

太阳能灭蝇灯，摄于合肥

在这一章里，我们介绍了很多日常生活中常见的利用太阳能的例子。很多太阳能产品也是随处可见的，不知道你们是不是留心过。

比如我们街边的路灯，有的就是采用太阳能发电的。在我们生活的城市的某个地方，可能就有一个太阳能发电站。

那么，让我们设计一个小调查方案吧，调查一下身边的太阳能使用情况。在下面的方框里，写下你的调查结果，你也可以画出来，或者把拍下来的照片贴在方框里。来试试吧！

小调查

身边的太阳能使用情况			
使用太阳能的产品	它的样子	在哪里发现的	哪种使用方式
太阳能风扇		我家	光—电转换

聚焦产业

了解我国的
光伏产业

　　阅读了这一章的内容，同学们可能已经有所了解，要想利用太阳能发电，需要一条完整的产业链和与之配套的产业技术。在我国，已经形成了比较完整的、先进的光伏产业。有一大批企业，能生产产业发展所需的原材料、电池、配套组件，提供相应的生产设计、电网组装和服务。

　昆明路边光伏＋风能路灯

同学们，你们在学完本章内容后，如果还有兴趣探究的话，可以自己去网上查找相关资料，找一找你居住的城市有没有建设光伏电站，方便的话，还可以实地去参观一下哦。

找一找

我所在城市有没有建设光伏电站？

例：我所在的城市<u>上海</u>，这里有虹桥火车站楼顶光伏电站。

太阳光的
奇妙世界

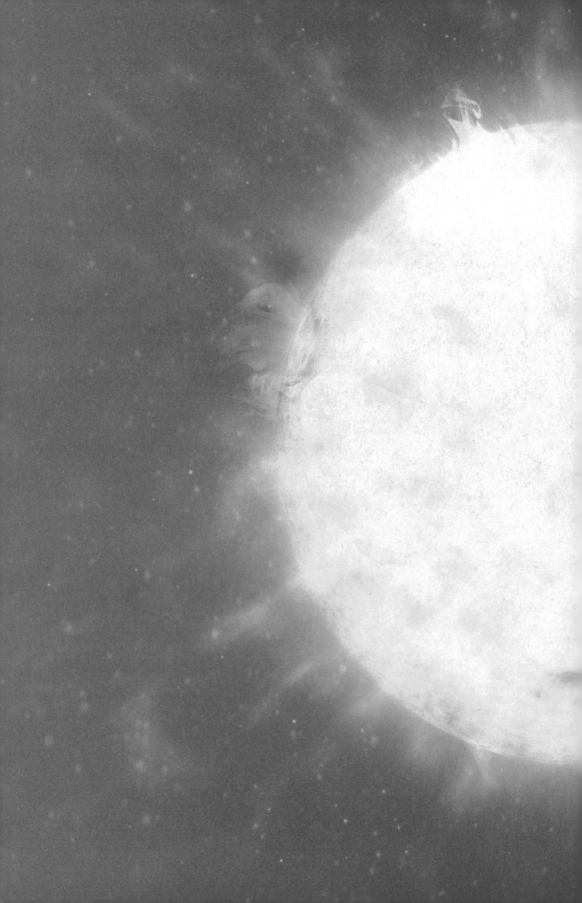

太阳对于我们地球来说是无可取代的，它给了地球光和热。我们用眼睛来看，会看到太阳光由红、橙、黄、绿、青、蓝、紫7种光复合而成。如果仔细研究它，你会发现，太阳光里有大学问。

知识导读

太阳光是什么？

人们为什么这么关心 PM 2.5 的值？

我要考考同学们，天空为什么是蓝颜色的？

 褚君浩

学生

因为大气层上有很多冰晶。

可能是因为太阳射出来的光经过反射形成了天空的蓝色。

 学生

天空
（图片来源：视觉中国）

太阳光是什么

刚才问了同学们一个很普通的问题，天空为什么是蓝颜色的？两位同学回答得很好，把两个人的答案加起来就更好了。我为什么要问同学们这个问题呢？我是想了解同学们思考这个问题的思路。

看来你们对太阳光的知识是有所了解的。我们能够看见的太阳光有红、橙、黄、绿、青、蓝、紫7种颜色，其中紫光的波长是最短的。另外我们

空气中有好多微小的粒子，这就像空气中有不可消除的"杂质"。空气对阳光形成散射，蓝色光容易被散射从而形成了"蓝天"。

当太阳光穿透大气层，照射到地球表面，照射到我们身体上时，我们还能感受到热，对不对？太阳给我们带来了光和热，这就是我们通常说的太阳能。那这个太阳能的本质是什么呢？

太阳本质上是一个不停进行着氢氦聚变的热核反应堆。处于极高温度下的电子，以极高的运动速度不断地相互碰撞振动而产生电磁波。这种电磁波就是太阳辐射能，它以光速向太阳以外的太空辐射。我们所说的太阳能就是太阳辐射能。

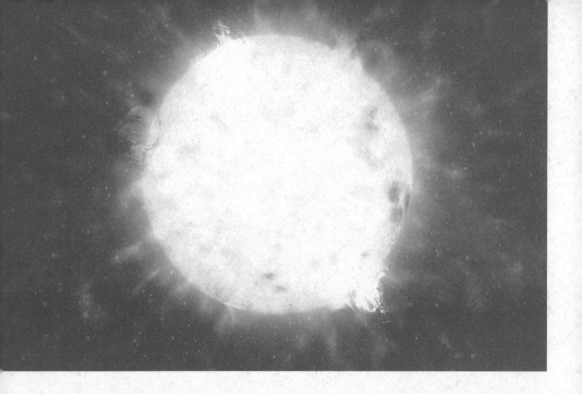

燃烧的太阳
（图片来源：富昱特）

太阳

　　对我们人类来说，除了能看见光和感受到热以外，科学家还会去思考，太阳光里面还有没有别的成分。太阳光里面既然有 7 种颜色，那么哪个颜色的光引起的热效应更大呢？同学们，你们知道吗？

我听说过红外线，但我不知道红外线是由什么组成的。

 学生

褚君浩

我要反过来问你：什么是红外线？你们有谁知道吗？

红外线其实不能说是由什么组成的吧，因为太阳本身射出来的就有红外线，太阳光里面本来就有红外线。

 学生

这个同学说得非常好，看来同学们对这方面的知识也是有所了解的。

天上的太阳，它每时每刻都在向外辐射，就是发射出电磁波。电磁波它有一个波长的分布，有的电磁波的波长很短，像你拍 X 光片，X 光的波长就很短。有的电磁波它的波长正好在你眼睛可以感受的范围里面，就是我们眼睛可以看到的红、橙、黄、绿、青、蓝、紫 7 种颜色的可见光。还有的电磁波它的波长比红光要长所以叫做红外线。还有的电磁波波长更长，长到多少？有几米、几十米、甚至于几百米，那就是我们说的 WIFI。我们可以从下面这张电磁波频谱图上看到各种电磁波的波长。

电磁波频谱图

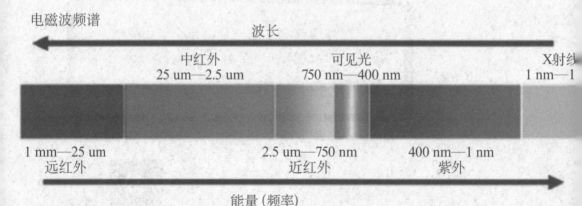

电磁波频谱

波长

中红外
25 um—2.5 um

可见光
750 nm—400 nm

X射线
1 nm—1

1 mm—25 um
远红外

2.5 um—750 nm
近红外

400 nm—1 nm
紫外

能量 (频率)

科学家们通过研究明白了太阳辐射出的是电磁波，但是在这些电磁波里，哪种蕴含的能量最大呢？

　　于是，科学家经过研究、实验，绘出了太阳辐射的光谱能量分布图。从这张图上，我们清楚地知道了在太阳光不同的波长范围内具有不同的辐射强度和辐射能量。

　　太阳辐射是一种连续的电磁波，包括了紫外线、可见光、红外线，它的辐射能量主要分布在可见光区和红外区。

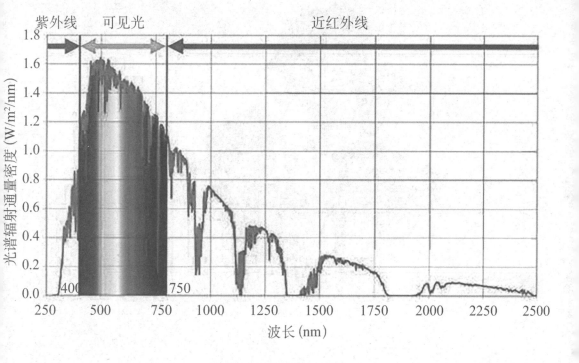

太阳辐射的光谱能量分布图

所以，红外线就是一种电磁波。那电磁波是由什么组成的呢？它就是由不断变化着的电场和不断变化着的磁场组成的。

我再考考同学们，为什么现在人们对 PM2.5 那么关心？

褚君浩

学生

PM2.5 就是空气中的灰尘。

它是空气中一种小于 2.5 微米的污染物。

学生

太阳能的
光热转换

因为 PM2.5 的直径很小，人要是长期吸入这么小的空气污染物，就会对肺部造成危害。

 学生

同学们都非常棒，都回答得不错。PM2.5 是指空气中的微粒物，它的粒子直径小于等于 2.5 微米。我为什么要问你们这个问题？一是提醒同学们，要爱护环境，从小就要形成一种爱护环境的习惯和理念。二是要告诉同学们，太阳辐射通过大气层时，会发生衰减。当空气污染指数高的时候，我们会发现天空不是那么透亮，太阳光也不是那么强烈，这就影响了对太阳能的利用。

我们现在谈对太阳能的利用，主要是指现代工业技术上对太阳能的转换利用的方法。光—热转换、光—电转换、光化学转换是工业技术上常用的，前两种尤其常见，技术也相对成熟。

在前面章节里，我们也讲到了集热。这是一种光热转换利用的方式。

我们采用不同的采光和集热设计，收集太阳辐射能，把它转换为热能，可以用来加热水，比如太阳能热水器，用来加热空气，比如太阳能暖房、太阳能空气干燥器。

在这里，我们要说说太阳能热动力发电工程。为什么要说到工程上呢？我们常常说，科学研究是为生产技术服务。我们在实验室取得了科学上的突破，当然是非常重大的进步。不过，对于我们国家来说，经济的进步，国力的强盛，它靠的是整个社会生产力的提高。生产力的提高离不开工程技术的支撑。从实验室的成果到整个行业工程技术的提高，还有很长的路要走。

太阳能热动力发电工程，在太阳能利用领域中占有十分重要的地位，它是一种大规模的产业发电的方式，将太阳辐射的热能转换为电能，为工业生产提供电力。

大型的太阳能热动力发电站大多数从 1980 年代开始逐步建成并投入使用。这么多年来，人们不断地改进技术，降低成本，提高效率，从世界太阳能热发电利用情况来看，太阳能热发电站遍布美国、西班牙、德国、法

国、阿联酋、印度、埃及、摩洛哥、阿尔及利亚、澳大利亚等国家。美国的伊凡帕（Ivanpah）太阳能发电厂可能是现在世界上最大的太阳能发电厂，我们可以来看看关于这座发电厂的相关报道。

盘点美国最大的太阳能发电厂

《2014：聚光式太阳能年度报告》是美国能源部公布的，这份报告介绍了世界上五个新型的聚光式太阳能发电厂，伊凡帕太阳能发电厂就是其中之一。

聚光式太阳能发电厂

伊凡帕太阳能发电厂采用的是聚光式太阳能发电技术。它是指通过反射镜把阳光汇集到接收器上，在接收器上被加热的移动液体会变成高温高压的蒸汽。这些蒸汽通过管道，一部分输送到涡轮发电机，带动发电机转动发电，另一部分输送到蓄热器，将热能存储起来。

伊凡帕太阳能发电厂位于加利福

尼亚州伊凡帕附近，在 2014 年 2 月开始投产。这个发电厂用 30 万个电脑控制的反射镜将阳光反射到安装在 139 米高的塔顶的锅炉上。伊凡帕太阳能发电厂每年能够产出 392 万兆瓦的电力，预计能够供 10 万美国家庭使用。

摘自太阳能光伏网 http://solar.ofweek.com/2014-06/ART-260009-8490-28836591.html

伊凡帕太阳能发电厂
（图片来源：视觉中国）

大讨论

太阳能是一种清洁能源吗？

同学们，太阳能是一种可再生的能源。科学家一直在不断研究更好地利用太阳能的技术。科学家希望在工业上，能用太阳能来代替石油、煤炭、天然气这类不可再生的能源。

那么太阳能发电厂会不会因为利用太阳能的缘故而对生态环境的影响小呢？

这里，我们可以来看一则报道。

世界最大太阳能发电厂成"死亡陷阱"，鸟类飞过被烧焦

伊凡帕太阳能发电厂是世界上最大的太阳能发电厂，位于美国加利福尼亚州和内华达州交界的莫哈韦沙漠，占地 8 平方公里。

近期该发电厂开启，但随后工作人员发现飞越发电厂上空的鸟类会被灼伤。经测试该发电厂用于聚光的太阳能板上方空气温度最高约达到 537℃。

目前已发现被烧死和烧伤的大约有几十只鸟，以及其他一些野生动物。环保主义者表示，现有充足证据表明伊凡帕太阳能发电厂能烧伤该地区空中飞行的鸟类。

据悉，该发电厂工作时，约有 30 万个太阳能镜面反射阳光，加热高处锅炉中的水，使其产生蒸汽驱动涡轮产生电能。

摘自搜狐新闻 http://mt.sohu.com/20170306/n482518318.shtml

看了这则新闻，同学们有什么想法吗？我们从科普图书、网站上可能已经阅读到许多资料，讲述太阳能利用有利的一面，而这里，我想请同学

们思考一下，在太阳能利用方面，有没有什么对生态环境不利的因素。你是怎么想的，在下面的方框里写下你的思考吧。

写一写

光电转换之旅

电流通过灯泡后，灯泡会发光。而光照到半导体里，半导体里面产生了自由电子和空穴，生成了电。光和电之间会发生转换。让我们随着光电转换，来探索一下它们间的秘密吧。

光是如何变成电的？

发的电怎么存下来？

有没有可能利用光电效应制造出循环发电机？

宇宙里没有空气那太阳是怎么燃烧的？会不会燃烧完？

学生

我知道电可以通过灯泡，让灯泡发光，那么光是如何变成电的呢？

太阳能电池板为什么可以吸收太阳光，把太阳光作为能源？

学生

光是如何变成电的

太阳能电池是用一种特殊的材料做的，这种材料叫半导体，我想先问问大家，半导体你们知道吗？

有两种材料是我们常见的，一种材料是导体，像铜、铁，它们会导电，电流会从它们里面流过。

还有一种是绝缘体，它不导电，比如皮革、木头，这类材料不通电。

除了这两种材料外，还有一种材料的导电性是介于两者之间的，叫半导体。它有的时候导电，有的时候不导电。它的导电性随条件而变，比如光照到它表面，它就导电了。光不照到它表面，它不导电。温度升高了，它会导电。掺入某些杂质了，它也会导电。

锂电池是半导体材料做的吗？

学生

半导体的光电效应

那么，光能怎么转换成电能的呢？这里，同学们可以自己查阅一下有关的科普图书，了解近现代物理学史上那些伟大的物理学家的重大发现，以及他们那些划时代的重大发明。太阳能电池的出现以及发展到现在的光伏产业，就是与物理学上的两个重大突破有关。

"光伏效应"和半导体 PN 结

19 世纪，物理学家在电学的研究上取得了许多重大的突破性进展。伏打电池就是其中一个重大发明，它的出现使得电流更容易储存，也为后来干电池和蓄电池的发明奠定了基础。伏打电池出现后，很多物理学家开始用伏打电池来做实验。1839 年，法国物理学家 A·E·贝克勒尔在用伏打电池做实验的时候发现，当阳光照射时，伏打电池里浸没的两片金属片之间产生额外的电动势，他将这种现象称为"光生伏打效应"，简称"光伏效应"。"光伏效应"是太阳能电池产生的理论基础。

到了 20 世纪初，有一大批物理学家在研究晶体硅（Si）材料，1930 年代，贝尔实验室的物理学家们在研究晶体硅材料的过程中，创造了一系列伟大发明。

1947 年 12 月 23 日第一只晶体管在贝尔实验室诞生，半导体产业历史上最伟大的三位发明家，肖克利（William Shockley）、巴丁（John Bardeen）和布拉坦（Walter Brattain）共享这一成果。他们三人一起获得了 1956 年的诺贝尔物理奖。他们开创了

半导体产业之路，用科技技术，一步步把最新的发明从实验室研究推向了产业化，最终推动整个人类社会的科技高速发展。我们现在使用的各种各样的芯片产品，我们上天入海的探测器，我们每天离不开的计算机、通信系统，都得益于半导体技术的数次重大发明和产业化的成功。

贝尔实验室的第一只晶体管
（图片来源：视觉中国）

肖克利后来被媒体尊称为"半导体之父"。他在 1948 年发表了论文《半导体中的 PN 结和 PN 结型晶体管的理论》，又在 1950 年出版的《半导体中的电子和空穴》一书中对半导体 PN 结进行了详细论述。半导体 PN 结是许多电子元件的核心，半导体器件的工作都起源于 PN 结。

PN 结——太阳能电池板的心脏

太阳能电池板是用半导体材料来做的，它是一种能把光能转换成电能的发电器件。制造太阳能电池的材料有很多种，最常见、应用最广泛的是晶体硅。

晶体硅太阳能电池板
（图片来源：富昱特）

最早的晶体硅太阳能电池是美国贝尔实验室在 1950 年代初期研制的，为什么是用晶体硅来制作太阳能电池板呢？

这要从晶体硅的物理化学特性说起。纯净的晶体硅的化学性质相对稳定，但是在人为的技术作用下，我们能用掺杂的方式把纯净的晶体硅制作成富含多余电子的 N 型半导体，和富含多余空穴的 P 型半导体。（具体讲解可阅读《芯片世界：探秘集成电路》一书）

如果把 N 型半导体和 P 型半导体放在一起，会发生什么情况呢？

我们把 N 型半导体和 P 型半导体紧紧相连，那它们相连的接触面就叫PN 结，这是太阳能电池的心脏。

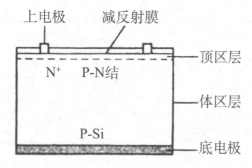

典型晶体硅太阳能电池结构示意图。上表面为 N 型半导体，P 型半导体在下，作为电池基体。

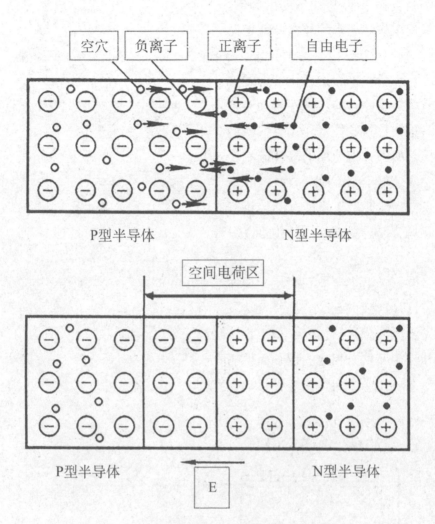

空穴　　负离子　　　正离子　　　自由电子

P型半导体　　　　　　　　　　N型半导体

空间电荷区

P型半导体　　　　　　　　　　N型半导体

E

掺杂后，N型半导体里的自由电子浓度大，
P型半导体里的空穴浓度大。

在半导体 PN 结中我们可以看到，在 P 型半导体和 N 型半导体紧紧相连的部分，N 型半导体里的多余电子向 P 型半导体扩散，P 型半导体里的空穴向 N 型半导体扩散，扩散后，电子和空穴复合，在交界面附近发生了有意思的事情。N 型半导体里的电子跑走了，留下了正离子。P 型半导体则出现了负离子区。这就在 PN 结内形成了一个空间电荷区。这也是半导体 PN 结内形成的内建电场（图中用 E 表示），在没有外力条件下，自己达到一个动态平衡状态。

离子
物质是由分子组成的，分子是由原子组成的，原子是由原子核及围绕其旋转的电子组成。当原子或原子团失去或获得电子后所形成的带电粒子叫离子。得到电子时显负电性，叫负离子，失去电子时显正电性，叫正离子。

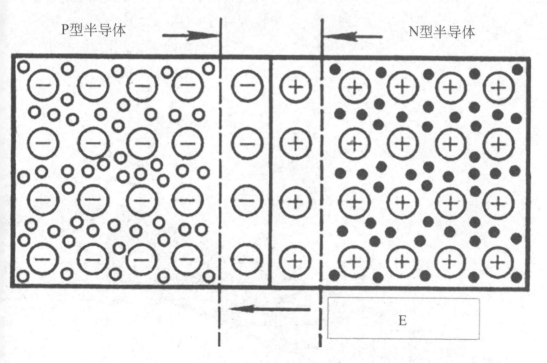

P型半导体　　　　　　　　　　　　　　　　N型半导体

E

PN 结内部自由电子和空穴会
产生运动，达到动态平衡

太阳光是怎么发电的

我们知道太阳光是具有能量的。当太阳光照射在半导体材料上，能激发出电子和空穴，形成一个电子空穴对。在一般的半导体材料里，如果没有 PN 结，太阳光产生的电子和空穴会很快复合，并不能形成电流，如果有 PN 结，情况才会不一样。

当太阳光照到半导体 PN 结区域，它产生的电子是带负电的，产生的空穴是带正电的，PN 结里面的内建电场，能够把带正电的空穴拉到一边去（P 型半导体，正极），把带负电的电子拉到另外一边去（N 型半导体，负极），那么 PN 结的两端就像我们电池一样了，一个正极一个负极，连上电

太阳能电池的 PN 结

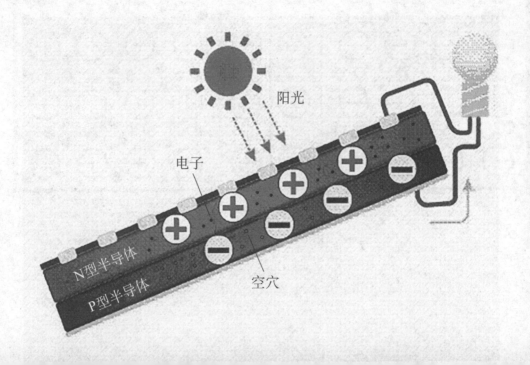

阳光

电子

N型半导体

P型半导体

空穴

线，就可以产生电流了，这个就是太阳能电池发电的道理。

发的电怎么储存下来？

同学们玩过那种用太阳能电池来开动的玩具小车吗？那种玩具小车顶上有一块太阳能电池板，把它放到阳光底下晒一会儿，它就会跑起来，但是如果遇到没有阳光的阴雨天，或者在阳光不强烈的天气里，这种小车会一动不动地停在原地，一点儿也跑不起来。

所以，如果我们在工业上要用太阳能电池板来发电的话，还得要解决一个大问题，就是怎么把发的电存下来，这样白天晚上都可以用上电。

把电存起来，最常用的装置就是蓄电池。在物理学的研究史上，从最早的伏打电池到后来的爱迪生发明的可充电铁镍电池，蓄电池的技术经过了不断的改良，并且成功地运用到产业里。对于用太阳能发电的光伏发电系统来说，蓄电池是不可或缺的部分，它不断地充电、放电，使整个光伏发电系统得以运作起来。

美国特斯拉汽车公司推出了新型锂离子电池，这款可充电的电池可用于光伏系统。在科学技术飞速发展的当下，尤其是新能源技术的日新月异，与之相适应的能量储存技术也随之推陈出新。商家致力于提升电池容量、性能，降低成本。特斯拉推出的锂离子电池，是能量储存技术发展的一个方向。

特斯拉展示新型锂离子电池
（图片来源：视觉中国）

学生

　　首先我想问，如果晚上我用手电筒的光照在太阳能电池板上，能让太阳能电池板发电吗？如果可以的话，是不是有一天人类能发明一种节能手电筒，在没有阳光的晚上，用手电筒照射太阳能电池板，这样有没有可能实现循环发电？

　　好主意。用手电筒的光照在太阳能电池板上，它变成电后又变成光，又照射在太阳能电池板上又变成能量，永远可以循环下去了。听起来很有道理的样子哦！

海波

可以造出循环
发电机吗?

如果太阳能电池板放在那里,在晚上没有太阳光的情况下,我用手电筒照射这个太阳能电池板,这个太阳能电池板是可以产生电的。

手电筒的光照在太阳能电池板上让它发电,电流出来接到手电筒上让电灯泡又可以发光,但是在这个过程中电流量是会越来越少的,因为在整个工作的过程中,电路里会有电阻,电阻会产生热,这就是一个损耗嘛。所以在这个过程中,电能量会损耗转换成另外形式的能量,每一次产生的电流会变小,这个过程是可以循环,但是总要有损耗,不能够永远地循环下去。

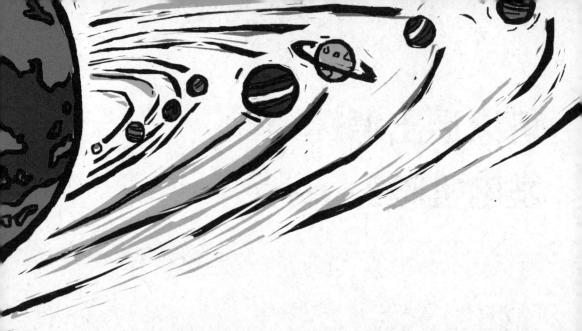

我想问，宇宙里没有空气，那太阳是怎么燃烧的？会不会燃烧完？

学生

燃烧是我们地球上面发生的一种化学反应。我们烧东西，它是跟氧气发生反应，火烧起来了，发出了光和热。我们把纸头烧起来，就会看到纸头着火变得很烫。

那么太阳里面的燃烧是什么呢？它并不是我们刚才说的那种氧化反应，它是原子核聚变反应。它有一种物质叫氢，氢有同位素，一个同位素叫氘另一个叫氚，氘跟氚这两个原材料它们合起来的时候，形成氦，并失去小部分质量，这部分质量，根据爱因斯坦质量—能量关系公式，就会产生巨大的能量。等到哪一天太阳上面的燃料烧光了，氘跟氚都没有了，太阳也会熄灭。当然，也可能继续产生以下的连续核聚变反应。那就是：氢—氢核聚变产生氦，氢消耗完毕后改为氦-3核聚变产生碳，然后碳继续核聚变可以产生硅、氧等一系列原子，但这个核聚变链条抵达合成铁原子之后就抵达太阳最后时光了。因为铁元素是核能最低也是最稳定的元素，无论是铁核聚变还是核裂变，都需要吸收能量而不是释放能量，所以当太阳燃烧到硅氧阶段后，产生铁元素，便开始积累铁元素并停止核聚变了。小质量的恒星变成无趣的白矮星，阴冷冷地死去；大质量的恒星则在大爆炸中结束生命，核心留下中子星或黑洞。但不要小看这最后阶段的超新星爆炸，虽然是极其短暂的一瞬间，但却是宇宙中最有意义的大爆炸，所有构成生命要素的比铁重的元素都是在这一瞬间产生的，可以说没有超新星大爆炸，就不会有生命存在。

聚焦专业

太阳能光伏发电工程

1954年贝尔实验室研制成功了世界上第一片实用单晶硅太阳能电池，这开创了人类应用太阳能光伏发电技术的历史。经过短短几十年，光伏发电技术飞速发展，太阳能电池的光伏转换效率也得到很大的提高，各个国家投入了大量的力量来发展光伏发电产业，使得太阳能光伏发电能为大规模的工业生产服务，形成了颇具规模的光伏产业。

我国的光伏产业发展得非常迅速。根据北极星太阳能光伏网报道：

　　"全球规模最大太阳能发电站"的头衔在近几年间数度易主。现在，中国规模达 850 MW 的太阳能发电站——龙羊峡光伏电站即将建成完工，暂时将登上全球规模最大太阳能电站的宝座。该电站已经覆盖了 27 平方公里面积的土地，并铺设了近 400 万片的太阳能电池板。

　　2016 年中国累计光伏并网量已超过 77 GW，并超越德国、美国和日本成为世界上累计光伏并网量最高的国家。

　　http://guangfu.bjx.com.cn/news/2017
0227/810674.shtml

从这则报道中我们可以感受到这个产业发展的力度，但任何产业的发展都离不开基础科学的支撑。我们现在回头来看光伏产业的发展过程，从发现"光生伏特效应"这个物理现象到半导体 PN 结技术的发明，再到今天的大型发电站的建设生产，不到 200 年的时光。我们人类走过了一条探索创新的路。

我们人类一直都是充满想象力的，那么我们现在的孩子，看到接触到的东西更丰富了，等到你们念了更多的书以后，学了更多的知识以后，就要逐步地思考这些想象的内容，知道哪一些是可能实现的，哪一些是不能实现的。

等到你们长大以后，你们会需要更进一步系统学习专业知识，要知道从基础的科学研究到最终的产业化，这是一条需要年轻人去奋斗的路。

如果对本书内容感兴趣的同学，你们可以上网查询有关大学的材料学专业、电气工程专业等，看看到底需要学习什么知识，去试试吧！

查一查

华东师范大学信息科学技术学院专业设置

异想天开大讨论

能用糖驱动汽车吗？

用糖直接来驱动汽车当然是不可能的，但是同学们不妨转换思维来想一想。

 褚君浩

糖是一种生物质，用生物质来发电，用生物质来提取一种特殊的油，这个过程是存在的。所以从这样的一个角度来说，用糖来驱动汽车这个过程也是有可能实现的。

物质的运动形态都是可以转化的。我们的运动形态有光、有热、有电、有磁、有生物，所有这些运动形态互相之间都是可以转化的，光可以转化为电，电可以转化为光，光也可以转化为热，热也可以转化为电，这些都是互相可以转化的，所以大家要学好科学知识，掌握物质运动形态的规律，以及物质运动形态互相转化的规律。

同学们，物质运动是不是很有趣？你们能不能发挥想象，把你想到的物质运动形态的变化规律画成一幅有意思的图呢？

画一画

写在后面

节目主持人秦畅、海波

亲爱的同学，很高兴通过这套"与中国院士对话"丛书与你相见！

这套书来自上海广播电台"海上畅谈"节目。作为一档主张"开听有益"的节目，"海上畅谈"在每天节目中，都会深度解析一个有意思的现象、观点或者故事，更举行了很多有趣烧脑的活动——"小学生对话中国院士"就是带给所有人最多意外和惊喜的一个系列。

其实主持人秦畅、海波的初衷，只是尝试让中国最顶尖的科学家和最天真不受限的孩子进行一次面对面的"交锋"，看看这两个年龄、阅历、知识储备都反差极大的群体，以完全自然、直接的方式展开"平等对话"的时候，会呈现怎样的情形？所以这9场活动中，绝没有任何预演，也没有预设框架、限定提问范围。

你想得到吗？这样的设计，让学生们热情爆棚，而院士们——很紧张！

除了紧张，00后、10后学生们的自信、见识，让院士们惊讶；孩子们面对院士，那种锲而不舍、执着追问，以及据理力争进行争论、反驳的求知状态，让院士们甚感欣慰。

当院士们回忆起自己的童年故事，引得孩子们一片惊呼、大笑的时候；当院士们弯腰侧耳，仔细倾听孩子们的童真提问时；当院士们看着孩子们的眼睛，坦率地回答"我不知道"的时候……我们真的有些感动。

正是这份惊喜和感动，促使我们花了一年多的时间，费了很多力气，几乎是回到起点，编撰这套丛书。我们保留了部分院士和学生的对话实录，补充了现场没能来得及具体展开的专业名词解析，设计了一些互动游戏，也尽可能把每个相关行业目前国际上最前沿的信息和数据放入其中。我们希望，这本书不仅能说明白一些科学知识，更能反映中国目前科学研究领域的现状；不仅能牵着你的手，一起走入一座座科学探索的城堡，更给你一副发现科学的望远镜。

如果看了这套书，你也像现场的学生一样，脑袋里冒出很多很多的问题，那么欢迎你来大胆提问！

提问方式：

1. 下载手机 APP 阿基米德，进入"海上畅谈"社区。在这里，你不仅可以点播、收听、下载所有节目，还可以在社区里随时提问！

2. 搜索百度百家号："小学生大战中国院士"。这里把"小学生对话中国院士"系列活动的所有照片、文字、问题集锦、幕后花絮统统一网打尽，欢迎你，加入挑战中国院士的行列！

收听指南：

"海上畅谈"每周一到周五，在上海广播两大频率同步推送：20:00-21:00 上海新闻广播（FM93.4）；12:00 东广新闻台（FM90.9）。

丛书编写组

扫码进入：现场重现
（对话褚君浩院士现场声频和视频）

图书在版编目（CIP）数据

太阳能的光电之旅 / 褚君浩，海波，秦畅编写；张启明图 .
—上海：华东师范大学出版社，2017
（与中国院士对话）
ISBN 978-7-5675-6592-0

Ⅰ.①太…　Ⅱ.①褚…　②海…　③秦…　④张…　Ⅲ.①阳
能—少儿读物　Ⅳ.① TK51-49

中国版本图书馆 CIP 数据核字（2017）第 178076 号

与中国院士对话

太阳能的光电之旅

编　　写　褚君浩　海 波 秦 畅
整　　理　田汉民
绘　　图　张启明
责任编辑　刘 佳
责任校对　王丽平
装帧设计　崔 楚

出版发行　**华东师范大学出版社**
社　　址　上海市中山北路 3663 号　邮编 200062
网　　址　www.ecnupress.com.cn
电　　话　021-60821666　行政传真 021-62572105
客服电话　021-62865537　门市（邮购）电话 021-62869887
地　　址　上海市中山北路 3663 号华东师范大学校内先锋路口
网　　店　http://hdsdcbs.tmall.com

印　刷　者　杭州日报报业集团盛元印务有限公司
开　　本　787×1092　16 开
插　　页　2
印　　张　8.5
字　　数　48 千字
版　　次　2017 年 8 月第 1 版
印　　次　2019 年 7 月第 3 次
书　　号　ISBN 978-7-5675-6592-0/TK · 115
定　　价　38.00 元
出 版 人　王 焰